ビジュアルガイド

地球が廻っているということ

丹羽隆裕

みらい
PUBLISHING

ようこそ、不思議な星空の世界へ。
あなたが最後に夜空を眺めたのはいつですか？

この本では、夜空を巡る星々を、その動きごと１枚の写真に閉じ込めています。もっと星空の世界を知りたいという方のために、星にまつわるお話もたくさん載せました。
一人でゆったり、大切な人と一緒に、寝床でうとうとしながら……それぞれのスタイルで、のんびりお楽しみください。

もくじ

第一章

旅をする星

夜空を見上げたとき、何が見えますか？

私たちは途方もなく広い、宇宙空間の住人です。

私たちの住んでいる星、地球を含め、

宇宙空間にあるものを全部まとめて「天体」といいます。

ここでは、そのうちの肉眼で見ることができる天体の話をしつつ、

夜空に目を向けてみたいと思います。

そろそろ夕暮れ。

まだ明るい時間ですが、宇宙を巡る旅に出かけましょう。

「天体」は、すでに見えていますから。

そろそろ日が沈む時間です。
さあ、太陽を見送り
夜空を巡る旅に出発しましょう。
今日の一番星は
どんな星でしょう？

太陽は、昔も今も未来も、生命を育む地球にとって最も重要な天体です。その大きさは地球の約 109 倍。この大きな天体が作り出す膨大なエネルギーは、地球に光と熱をもたらします。地球と太陽の位置関係は、すべての生命を潤す「水」が、凍ることも蒸発することもなく、ほどよく液体として保たれる距離です。

夕暮れ時の空に最初に見える
ひときわ明るい星は、一番星。
もしかしたら、今日見えているその一番星は
地球と同じ惑星かもしれません。

青森県 八戸港付近

一番星は、空がまだ明るいうちから輝く星のことを指します。写真中央付近には、ひときわ明るく輝く星の軌跡が２つ見えます。１番明るい軌跡が金星で、２番目に明るい軌跡が木星。一番星がいつも惑星ばかりとは限りませんが、今日は２つの惑星が私たちを出迎えてくれました。
一番星が２つ、しかもどちらも惑星とは、なんとも贅沢な夜の始まりです。

日が沈んでしばらく経ち
気づけば空は暗くなりました。
夜空にたくさんの星が
浮かび上がってきましたね。
この無数の星たちは
どんな天体なのでしょうか？

肉眼でもよく見える惑星は、主に次の４つが挙げられます。明けの明星・宵の明星として名高い「金星」、その赤い姿から戦神の名を与えられた「火星」、惑星の中では最も大きく、天空の神の名が当てられた「木星」、望遠鏡で眺めると美しい輪を持つ「土星」。いずれも人間が歴史を書物に紡ぐ前から知られる、人とのつき合いが最も長い天体です。

この日は写真の右端に、沈みゆく金星を捉えました。惑星自らが光を放つことはできませんが、太陽の光を強く反射し、夜空でもひときわ明るく輝くことができます。これは、惑星がほかの天体と比べて、太陽からも地球からも、ほど近い距離にあるからなのです。

東京都 大井車両基地

肉眼で見える星のうち、惑星を除くほとんどが
自らが光を放って輝く「恒星」です。
夕暮れの西の空に見送った太陽も、恒星のひとつです。

恒星は、太陽と同じく水素がその多くを占める、巨大なガスのかたまり。よく見ると色の違いがあり、一般的に、恒星の表面の温度が高いほど青白く、低いほど赤く見えます。

大きさも様々で、特に大きな恒星は太陽の約 1000 倍（地球の約 10 万倍！）を超えるものもあります。これほどの大きさにもかかわらず、太陽以外の恒星は、地球上からはほとんど光の点にしか見えません。恒星はとてつもなく遠いところにあるからです。最も近い恒星でさえ、地球からの距離は約 40 兆キロメートル。不眠不休で歩いても 10 億年以上かかる距離です。

恒星の「恒」という漢字は、「毎年恒例」などの使い方があるように、「常に」や「いつまでも変わらない」など、不変であるという意味を持ちます。そんな恒星にも実は寿命があるのですが、比較的寿命が短いと言われる恒星でも約1000万年、長いものだと100億年以上に及びます。

ちなみに、太陽の寿命はだいたい100億年くらいで、現在の太陽の「年齢」はおよそ50億歳くらいです。人間にたとえるなら、ちょうど40～50歳くらいでしょうか？

……惑星と恒星に気を取られていましたが
忘れてはならない天体がありました。
次はそれをご紹介しましょう。

夜空といえば
月を忘れるわけにはいきません。
新月、上弦、満月、下弦……
満ち欠けするその姿は
今も昔も人を魅了しつづけています。

天文学では、惑星の周りを廻る天然の天体を「衛星」と分類しています。地球の周りを廻る月は、地球にとって唯一の衛星で、同時に地球から最も近い天体でもあります。その距離は約38万キロメートル。地球9周半に相当する距離ですが、宇宙の規模から比べれば、2つの天体の間はほんのわずかな「すき間」に過ぎません。
月の発見は有史以前。人間は惑星を知るよりもさらにずっと前から、月を知っていたのかもしれません。

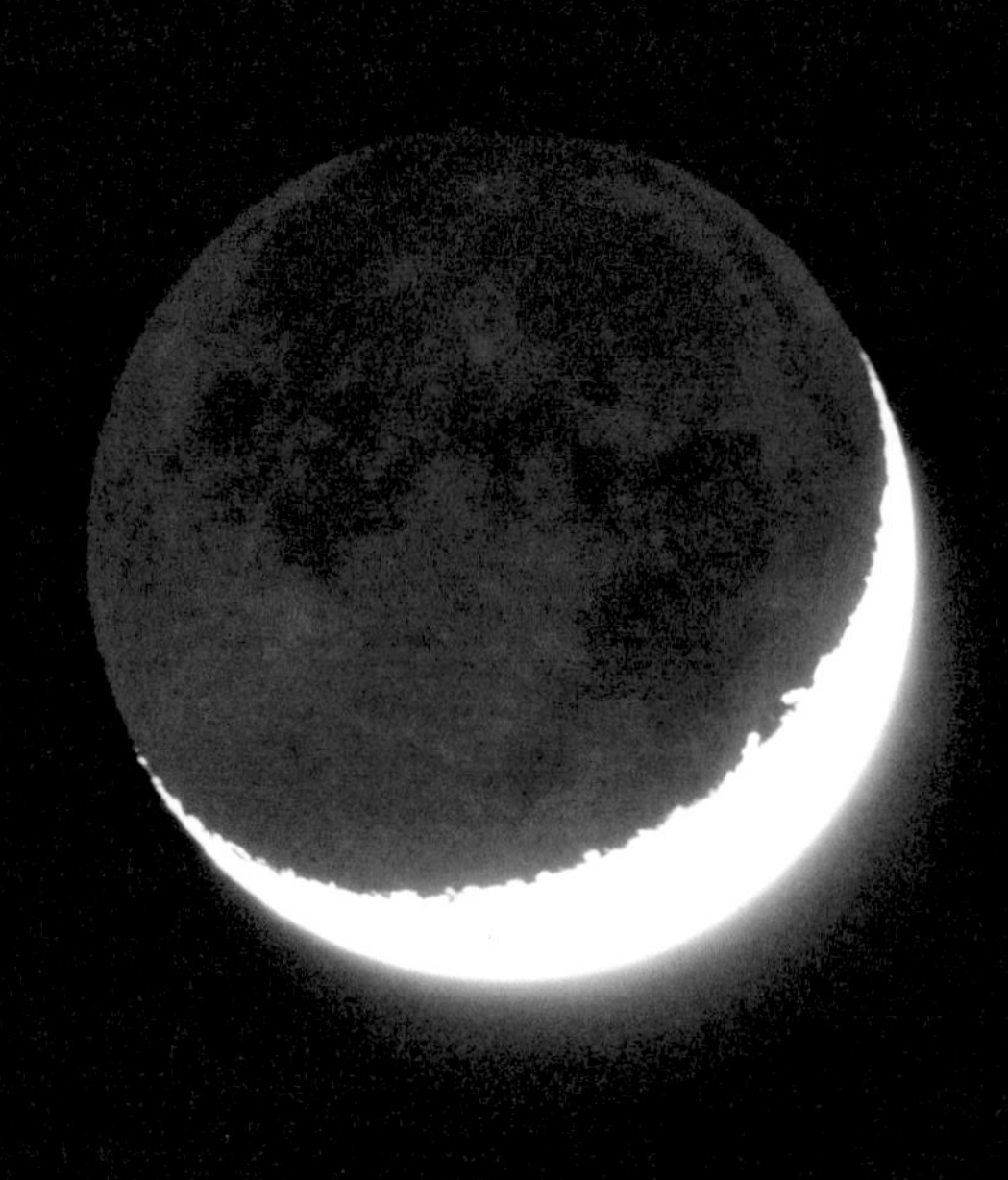

上の写真は「地球照」を撮影したものです。欠けて暗いはずの部分に、うっすらと月のウサギが姿を現しているのが見つけられますか？
月の明るい部分は太陽の光を反射して光っていますが、月の暗い部分は太陽の光が届かず、欠けて見えます。ところが、地球が反射した太陽の光は、月の欠けた部分を照らすことがあります。これが地球照です。月の明るい部分を照明と呼ぶならば、地球照は間接照明といったところでしょうか。

ところで、みなさんは月や星を
どこで眺めますか？
星空は案外身近な場所でも
楽しめますよ。
例えば、帰り道なんて
いかがでしょうか。

「夜間飛行」
星だと
思ったら
夜間飛行の
飛行機の灯り
いったい
どこへ
行くのだろう

見えそうで
見えない
パイロットさん
無事に
目的地まで
たどりつけますように

夏の夜空といえば天の川。
天の川の正体は
宇宙に浮かぶ星々の集落です。

天体は広大な宇宙に無秩序に散らばっているわけではなく、宇宙空間の方々で巨大な「集落」を形成しています。このような星々の集落は「銀河」と呼ばれ、宇宙空間の中におよそ2兆個存在していると言われています。地球や太陽も「銀河系」と呼ばれる銀河に属し、「銀河系」には約2000億個の恒星が属していることが分かっています。

天の川は一見銀河とは関係ないように見えますが、天の川の正体は銀河系そのもので、「銀河系」には「天の川銀河」という別名があるほどです。

私たちは、銀河系の中でも中心から少し離れたところに住んでいます。地球から見える天の川は、銀河系の中でも特に星の数が多くて明るい中心部分。銀河系を街に例えるなら、私たちが住む場所はその郊外、中心部分はさながら繁華街といったところです。

天の川は夏が見頃。暗い夜空でないとお目にかかることができませんが、その姿は圧巻です。

人は世界中の様々な文化圏で
古来より夜空に輝く星々を線で結び
動物や人、神様や道具などを描いてきました。

青森県 十和田湖

今にも星が降ってきそうな
光あふれる星空を見て
昔の人々は何を
思ったのでしょうか。
きっと、豊かな想像力で
色々なものを描いていた
ことでしょう。

星座の数は、全世界共通で 88。そのうち日本から見られる星座の数はおおよそ 50 くらいと言われています。88 という星座の数は 1928 年、世界中の天文学者で構成される国際天文学連合（IAU）によって取り決められました。

ところがこの取り決めでは、星座がどんな形をしているか、つまり星同士をどうやって結んで絵を描くかを定めていません。では、星座とは一体何を指しているのでしょうか？

IAU は星座を「夜空を区切って作られたある領域」としています。つまり、「この星とあの星を結んで〇〇座」ではなく、「ここからここまでの範囲は全部〇〇座」なのです。

すると、星座の線を引かれなかった星々も、必ずどこかの星座に属することができます。

こうすることで、星座の名前は「星々の住所」として利用できるようになりました。

夜空の星は、太古の昔から
変わらず輝きつづけています。
古代の人たちも、宇宙の神秘に
思いを馳せていたことでしょう。

遠く広がる宇宙はどんな場所だろう。
決して手に取ることのできない
星々の正体はなんだろう……。
やがて人々は様々な方法で
夜空の正体を確かめようとします。

星空への来訪者

カメラは光を記録に残すための装置です。極端にいうと光るものはなんでも写るので、星でないものが光ればそれも写真に残すことができます。星空の写真に写るのは天体の光だけではありません。思わぬ「光の来訪者」に出会うこともあります。

ここは青森県三沢市に位置する小川原湖です。昼間は土砂降りの雨に見舞われたこの日、日暮れとともに晴れてきたので、星空を撮影しようとやってきました。遠くから雷鳴が聞こえることに気がついて振り返ると、夜空にぽっかりと浮かぶ雷雲が。星空を訪ねて小川原湖にやってきたのは私だけだと思っていたのですが、なんと雷様も来ていたのです。

星と雷、滅多に見られない共演を撮影できた、ラッキーな夜でした。

第二章 星空の昔と今

『天文学辞典（日本天文学会）』によれば、天文学とは「宇宙とその中にある全てのものの起源と進化とその性質、およびそこで起きる様々な現象を知ることを目的とする学問である」とあります。「自分たちの住む世界はどんなところなのか？」これはとても根源的な問いで、人間は、文字も言葉も使っていない太古の昔から夜空を眺め、星空に魅了されてきました。昼間の空を支配する太陽の恵みを存分に受け、それに感謝すべく太陽を神様とした人々もいれば、夜の星々に動物や神々の姿を見出し、それを星座として描いた人々もいます。天体の動きはとても規則正しく、それはやがて人々の関心の的になり、研究の対象となりました。天体の動きの規則性を確かめるための膨大な観測記録は、当時の人々の生活を支えるために欠かせないものとなりますが、それと同時に、宇宙の姿を描き出そうとする科学者たちに、「もしかしたら、空が巡るのは星々が動くからではなく、私たちが動いているからそう見えるのかもしれない」と思わせたきっかけにもなりました。天文学は長い長い、とてつもなく長い歴史を持ちます。ここでは、そのほんの一部分をご紹介します。

太古の昔から人々を魅了し
その謎を解き明かそうと人類が挑戦をつづける宇宙。
世界最古の学問分野のひとつ「天文学」について
この学問がたどった道のりを
私たちも追いかけてみることにしましょう。

青森県 砂沢遺跡

ここは青森県の砂沢遺跡。写真下部の干潟のような場所は、弥生時代の、日本最北端の水田跡が発見された場所。中心にそびえる山は、津軽富士の異名をとる岩木山です。
2000年前のこの場所で稲作をしていた古代人たちも、夜には月を愛で、星空を眺めていたかもしれません。規則正しく昇り沈みを繰り返す星々の姿に、彼らはどんな思いを抱いていたのでしょうか。

夜空を彩る星々の中でも、ひときわ明るい星。
古来、人々は星そのものにも名前をつけてきました。

恒星のうち、特に明るいものには名前がつけられています。はっきりとした起源は不確かなものの、星座と同じくらい古くから、世界各地で慣習となっていたようです。

例えば、地球から見える恒星の中で最も明るい、おおいぬ座のシリウス。この名の由来には諸説ありますが、ギリシア語の「焼き焦がすもの」を意味する言葉が起源だと言われています。この星はまた、中国では「天狼星」、日本ではその明るさから「大星」と名づけられています。

この写真は、岩手県北上市の夏油高原での1枚です。写真中央からやや左手寄り、ひときわ明るいのがシリウスの光跡です。

このほかにも、冬の星座として名高いオリオン座の一等星、ベテルギウスとリゲ

ルは、それぞれ源平合戦の際の両家の旗色になぞらえて、「平家星」と「源氏星」の名が現代に伝わっています。ところがこの和名、地域によってはベテルギウスが源氏星、リゲルが平家星と、あべこべに伝わっています。はっきりとした理由は分かりませんが、数多の人々の繋がりが織りなす、伝承の面白さのひとつといえるかもしれません。

岩手県 夏油高原

とても複雑に見える星の動き。
「これが解明できれば、未来が見えるのだろうか？」
はたして、星の動きは人の運命を決めるのでしょうか？

三重県 長良川河口堰

太古の昔から人類は、天体の位置が時々刻々と変化することを知っていました。一見複雑に見える天体、特に惑星の動きは多くの人々の関心を惹くようになります。「これは人の運命や社会の動きと結びついているのではないか。もしそうだとしたら、私たちは未来を見通せるかもしれない」——そう考えた人々によって生み出されたのが占星術（星占い）です。

時代が進み、惑星の動きは科学的に説明できるようになりました。もちろん、天体の動きが人の運命を決めたり、変えたりすることはないということも。

現代の天文学は、占星術とは全く別物です。しかし占星術もひとつの文化であり、それはそれで価値のあるものといえるでしょう。

青森県 階上岳大開平

青森県 八戸市美術館

夜空を表現する手段は、星座や天文学
占星術だけにとどまりません。
絵画、音楽、文学作品……
芸術の世界が表現する「星空」も
また無数にあるのです。

青森県 蕪嶋神社

人々は古来より天体の動きを観測しつづけ、その莫大な記録はやがて現代につづく天文学の礎になりました。その一方で、絵画などの芸術作品や、詩や小説などの文学作品のテーマとしても星の世界が選ばれ、様々な形で表現されるようになりました。例えばゴッホの「星月夜」やミレーの「星の夜」のような絵画作品。日本では宮沢賢治の小説「銀河鉄道の夜」を思い浮かべる人が多いかもしれません。ほかに星をテーマにした音楽なども多く耳にしますね。

星空を見て何を思うかは千差万別。様々な見え方があり、感じ方があってこそ、星空の魅力は遥かな時を超えて現代に伝わったのでしょう。星空から感じ取ったものを、言葉として著す人もいます。星空にまつわる詩もそのひとつです。

「子守歌」

星は
はだかで
光っている

さむい冬の
夜空にも

星は
ひとりで
光っている

光るのが
好きだから

星たちは
しずかな
眠りにつく

太陽の足音を
子守歌にして

「一番星」

一日
働いて
疲れて
夜を迎えて

帰り道
空を見上げたら
一番星が明るく
光っていた

キラキラ
ピカピカ

今日も
おつかれさまと
星のことばで
囁きながら

「自分たちの世界を取り巻く宇宙は
どんな姿をしているのだろう？」
――天文学が興って以降
人類がその知恵を結集して
答えを追いつづけているテーマです。

時は16世紀、宇宙の姿に関して
それまでの概念を覆す説が広まります。
現代につづく天文学の大きな転換点を
この章の結びとしてご紹介しましょう。

岩手県 種市漁港付近

星が、月が、そして太陽が頭上を巡っていく。
「天が廻る」ことは、ごく自然なことのように見えます。

太陽は毎日のように東から空に昇り、西の地平線へと沈んでいきます。月は満ち欠けを規則正しく繰り返し、夜空の星々は毎年同じ場所に現れます。
古の人々が、地上から天体の動きだけを眺めれば「不動の大地の上を様々な天体が廻っているんだ」と思うでしょう。大ざっぱな説明ですが、これが天動説です。
今でこそ私たちは「自分たちが廻っている」ことを知っていますが、これは先人たちが遺した知識のおかげです。自分たちの住む大地が動いているとは思いもよらず、しかも星々が空を駆け巡るのを見れば「天が廻っている」と考えるのは、ごく自然なことだったはずです。

青森県 岩木山神社

「もしかしたら、廻っているのは天ではなく
私たちが踏みしめる大地ではないか？」
人類の叡智は、世界の見え方を
一変させようとしています。

天動説は長らく支持されてきましたが、膨大な知識と観測記録が蓄積されていくにつれ、天文学者や物理学者があることに気がつきます。「もしかしたら天体が空を廻っているのではなく、私たちが住んでいる地球が廻っているからそう見えるのではないだろうか？」――地動説の誕生です。

この頃、人類が手にしたのは望遠鏡でした。望遠鏡を駆使して得た観測記録は、いずれも地動説を支持する結果をもたらし、やがて地動説は天動説に取って代わられるようになります。

しかし「自分たちが廻っている」という事実は、受け入れられるまでに紆余曲折を経ることになります。イタリアの天文学者、ガリレオ・ガリレイのエピソードをご存知の方もいることでしょう。

静岡県 御前埼灯台

受け入れられた地動説。
それは知識を積み上げつづけた人類がたどり着いた
新しい世界でした。

兵庫県 神戸港付近

地動説が受け入れられるには、はじめこそ多少の困難を伴いました。しかし地動説は、天動説よりも天体、特に惑星の動きを合理的に説明できることから急速に広まり、瞬く間に多くの人の支持を得て、現在に至ります。

では、天動説はその間違いを非難されるものなのかと言われれば、決してそうではありません。天動説は、それまでに蓄積された知識や記録を結集して、宇宙を描き出した結果のひとつなのです。天動説は「この世界はどうなっているのだろう?」という問いに答えを出すべく奮闘しつづけた、人類の叡智の遺産といえるでしょう。

あの日の守護神

２０１１年３月11日――忘れようにも忘れられない、東北地方太平洋沖地震（東日本大震災）の発生日です。これは岩手県下閉伊郡普代村にある普代水門、高さ15メートルを超える巨大な水門です。間近で撮影しましたが、水門のスケールには圧倒されます。計画当時、これほど高い水門が本当に必要なのかどうかとの意見も出されたようですが、１９３３年の津波を経験した当時の村長が周囲を説得して、現在の高さを実現させたとのこと。完成したのは１９８４年です。

過去の教訓は、きちんと活かしさえすれば未来を救います。２０１１年３月11日、普代水門はあの日の巨大津波の襲来を耐え抜き、普代村の浸水を最小限に食い止めました。あの日、東北地方であまりに多くの尊い命を飲み込んだ巨大津波でしたが、普代村では、１名の方が行方不明となってしまったものの、誰も命を落とさずに済みました。この水門は、まさに普代村の守護神となったのです。過去の教訓を未来へつなぐことの大切さを教えられた、そんな場所でした。

第三章

地球が廻っているということ

地動説が受け入れられた現在、地球が廻っていることは、理科の授業でも習います。しかし、私たちは廻る地球の上にいるはずなのに、それに振り回されている感覚もなく、ましてや宇宙の彼方に飛ばされそうになった経験もありません。地球が廻っていることを実感するのは、実はとても難しいことです。それでも地球は丸く、そして廻っている天体です。太古の昔、人工衛星も望遠鏡もなかった頃から、人々は空を眺め、天体を観察し、その動きを注意深く確かめながら、自分たちが暮らす世界、つまり宇宙を知ろうとしました。積み上げられた膨大な記録や知識は、地球が丸く、そして廻っている天体であることを、人々が確信できるだけのものでした。星空の旅もいよいよ最終章。悠久の時を経てそこにありつづける宇宙を、そして地球が廻っているということを、星々のダイナミックな動きで感じてみましょう。ごゆっくり、お楽しみください。

「菜の花や月は東に日は西に」――江戸時代の俳人、与謝蕪村が遺した俳句です。春の夕暮れを詠んだ素晴らしい一句ですが、太陽や月、星々が空をどう駆け巡るかが分かると、わずか17音から空の様子をありありと思い浮かべられ、「この日はきっと満月が近かったんだろうなぁ」と読み取ることができます。

天体の動きは一見複雑そうに見えますが、「東から昇り、西へ沈む」が基本です。これは太陽も月も、夜空の星々も変わりません。

岩手県 為内の一本桜

月がもうすぐ満月になりそうな4月のある日の夜更け、西の空を撮影しました。写真の右側、太いレーザービームのような光の筋は、月の動きを捉えたものです。周りの星と同じ軌跡を描きながら西の空へ沈みゆく月の様子は、「東から昇り、西へ沈む」が天体共通のルールであることを感じさせてくれます。

さぁ、私たちも星を追いかけ
東の空から順に
眺めてみることにしましょう。

桜並木の上には東の空が広がっています。写真中央が東、左側が北寄りの空、右側が南寄りの空です。
東の空の星々は、時間とともに向かって右上の方向、南の空に向かって移動します。その様子はまさに夜空を駆け上がっていくようです。夜空の星々が「待ってました！」と言わんばかりに夜空へ飛び出していく、それが東の空です。

秋田県仙北市 角館

宮城県 荒島

東の地平線から顔を出した星々は
南の空にたどり着きました。
高HWL上30M

八戸港にかかる八戸大橋から、南の空を撮影しました。写真中央が南、左手側が東寄りの空、右手側が西寄りの空です。東から昇ってきた星は、南の空にアーチを描き、時間とともに西の空に向かいます。地球にいる私たちが夜空を眺めた時、時間とともに星が夜空を巡る様子を「日周運動」と言います。これは地球が自転している何よりの証拠ですが、日周運動は仮に天空が廻っていてもある程度説明ができてしまいます。実は、天空が廻っていても大地が廻っていても、星が空を巡るという結果にほとんど変わりはないのです。

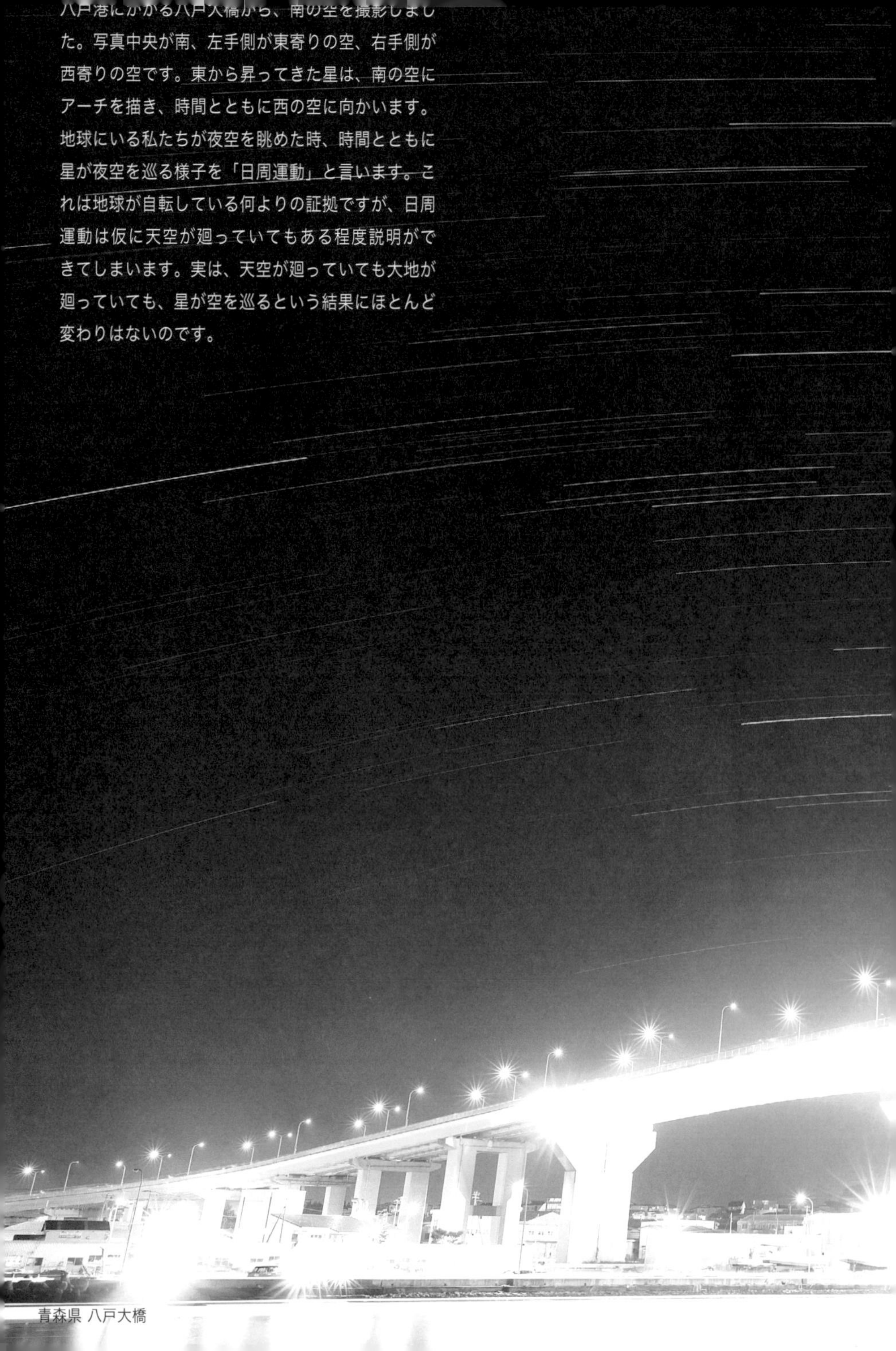

青森県 八戸大橋

青森県 八戸港付近

南の空を後にした星々は
西の空から地平線の向こう側へと向かいます。

十和田市と三戸郡田子町を結ぶ県道 21 号線から、西に沈みゆく星空を撮影しました。写真中央が西、左手側が南寄りの空、右手側が北寄りの空です。西の空までやってきた星は「東から昇り、西へ沈む」の通り、地平線の向こう側へと沈んでいきます。

気づけば、西の空までやってきました。
残る方角はあとひとつ。
月や太陽が決して訪れることのない北の空は
星に案内してもらうしかありません。
星を追いかけて、さあ、北の空へ。

青森県 三戸郡田子町

北西の空までやってきました。
この方角を眺めていると
まるで何かに吸い寄せられるように
北の方角を目指して星が動くのが分かります。
北の空では、星たちはどう動いているのでしょうか？

岩手県 岩山展望台

青森県 八甲田睡蓮沼

「地球が廻っているということ」
――それを最も象徴的に表すのは
北の方角に広がる星空です。

青森県　八甲田睡蓮沼

八甲田山にある睡蓮沼で、ぐるぐる廻る星空を撮りました。これが北の空です。夜空に描かれる大きな円のほぼ真ん中には、ほとんど動かない星があります。それが、北極星。星たちは、この北極星を中心に反時計回りに廻っているように見えます。

夜空の星々は、地球からはるか遠くの宇宙空間にある恒星。もし地球が微動だにしなかったら、星々はほとんど止まっているようなわずかな動きにしか見えないはずです。見晴らしの良い場所から景色を眺めたとき、遠くの車や、水平線を行く船の動きがとてもゆっくりに見えるのと同じです。

夜空の星々が日々ダイナミックに動いて見えるのは、「地球が廻っているということ」の何よりの証拠なのです。

「星座早見盤」は、日時を合わせると、星の動きが分かる「星空の地図」です。この見開きページでは、方角ごとの写真を星座早見盤と同じようにして並べてみました。ちょっとだけ実験してみましょう。

まずは頭が北を向くようにして枕を置き、仰向けに寝転んでください。寝転んだら、次にこのページを開いて「前へならえ」の要領で腕を伸ばし、本が自分の正面に来るようにします。そうすると、今読んでいるあたりが天頂（空のてっぺん）です。

そのままバンザイをするように本を頭の上の方に持っていくと北の空が、本を正面に戻して左右に寝返りを打つと、それぞれ東と西の

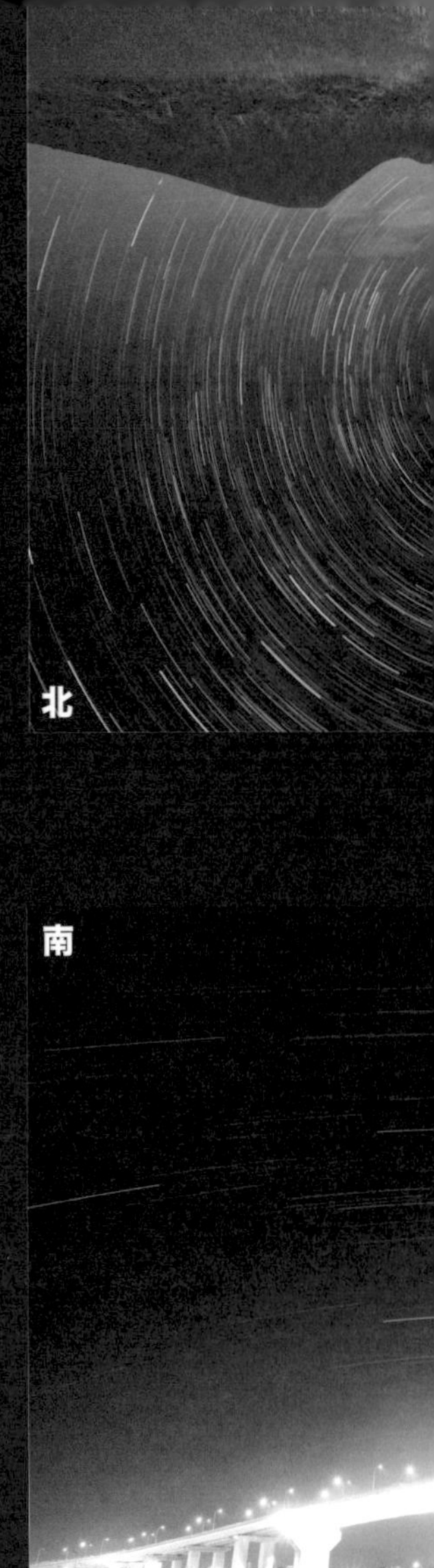

東

空の様子が、再び仰向けの姿勢に戻って本をおへその方に持っていくと、南の空の様子が分かります。これが、星の動きを知るための「星空の地図」の読み方です。

ところで、自分の立っている位置を中心にして読む地上の地図と、天頂を中心にして読む星空の地図には決定的に違う点があります。

……気がつきましたか？

このページ、地上の地図とは東西が逆に描かれています。星の動きを記した星空の地図は、空に向けたときに方角が合うようにできているのです。

禁止
21

岩手県 岩手銀行赤レンガ館

青森県 葦毛崎展望台

「旅をする星」

東の空に
いた星が
南の空で
ひと休み

ひと休みしたら
西の空へと
急ぎ足

途中で
恋をする
星もいる

岩手県 久慈市文化会館（アンバーホール）

夜空をぐるりと1周し、再び東の空を前にしました。
まもなく終わりを迎える夜空の旅。
地球が廻っているということを感じていただけたでしょうか。

明日の晩もし晴れたら、空を眺めてみてください。
家の前、帰り道……特別な場所でなくても大丈夫。
そこには、あなただけの星空が待っています。

東京都 隅田川沿川

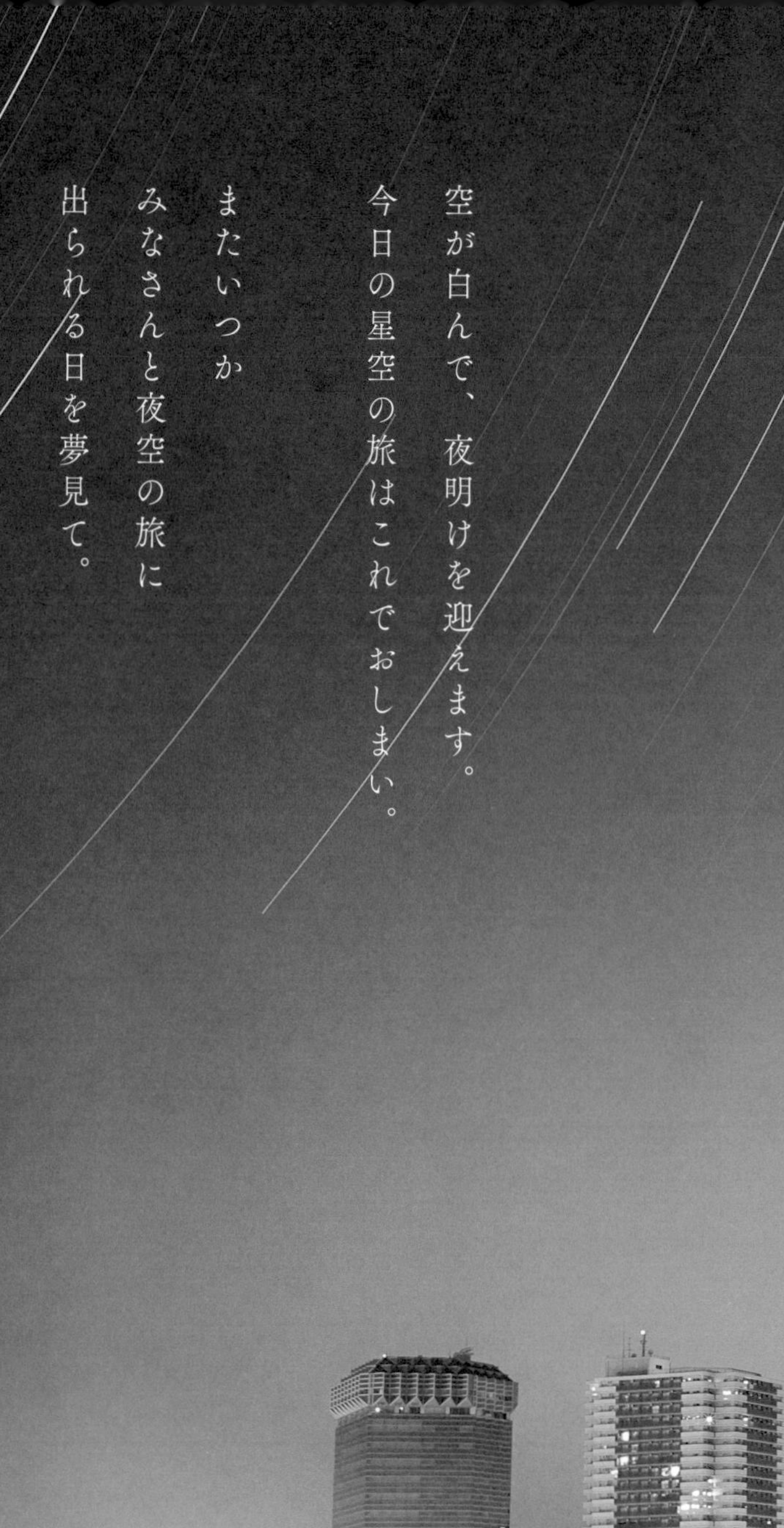

空が白んで、夜明けを迎えます。
今日の星空の旅はこれでおしまい。

またいつか
みなさんと夜空の旅に
出られる日を夢見て。

星の光跡を捉える

~1枚の写真ができるまで~

この本に収録した星の「軌跡」の写真はすべて、固定したカメラで星空の連続写真を撮影して、後からパソコンで合成する「比較明合成」と呼ばれる方法で作成しています。撮影にも1時間ほどの時間を要しますし、事前準備や撮影後に写真を合成する時間も考えると、1枚の写真が出来上がるまでに意外と時間がかかっていることがお分かり頂けると思います。

ここでは実際の撮影に興味を持たれた方のために、26~27ページの写真を例に、製作の手順を簡単にご紹介します。ただし、私の撮影テクニックはほぼ自己流のため、この通りに撮影してうまく写真が撮れるという保証はできないので、その点はどうかご容赦ください。

制作の流れ

①準備
撮影場所付近の環境や天候などを調べる。事前に下見に行くことも。

▼

②撮影
撮影枚数にもよるが、撮影にかかる時間は40分~1時間30分ほど。うまくいかず、何度もやり直すことも。

▼

③合成
撮影した100~400枚前後の写真を合成。使用しているアプリケーションなどは、93ページで詳しく説明する。

①準備

まずは撮影する場所を決めます。私有地や撮影が禁じられている場所に立ち入らないことはもちろん、私はアウトドア初心者なので、車で直接近づけるか、近隣に駐車場がある場所を選ぶことがほとんどです。

撮影場所が決まったら、周辺環境をなるべく詳細に確認します。可能なら、事前に下見をしておくとよいでしょう。沿岸部の場合は万が一の津波に備え、避難経路なども確認しておきます。車で出かける場合はガソリンや空気圧など、車のチェックも必須です。

以下のリストは、私が撮影時に準備している持ち物です。なるべく軽くするため機材は最低限にしていますが、防寒対策には念を入れています。また、懐中電灯に赤いセロファンを巻いているのは、光を赤くすることで、暗いところに目を慣らすのを助けるためです。懐中電灯の出す光は、星の光と比べて非常に強いため、一瞬でも目に入ると目が眩んで星が見えなくなってしまいます。

持ち物

・カメラ本体
・レンズ3、4本
・三脚（必須）
・防寒具
・懐中電灯（赤いセロファンを巻く）
・携帯トイレ（トイレがないところが多い）
・カイロ（一番手軽な防寒具）
・虫除けスプレー（夏場は必須）
・小さなイス（立ちっぱなしは辛い…）
・温かい飲み物（保温できる水筒が◎）
・軽食（意外とお腹が空く）
・本（暇つぶしができるとよい）
・毛布（万が一に備え車に常備）

服装

動きやすい服装＋アウトドア用の長靴

※夜間の撮影はとにかく冷えるので、これでもかというくらい着込んでみて「もういいだろう」と思ったら、さらにもう1枚持っていくようにしています。

②撮影

いよいよ撮影に出かけます。事前に現地の天候や、日の出・日の入りの時刻、月の出・月の入りの時刻と月齢、海が近ければ干潮・満潮の時刻は必ずチェックしておきましょう。なるべく日暮れ前に着いて、撮影アングルの試し撮りができるのが理想です。

撮影時は、周囲の人の邪魔になっていないかどうかは常に気を払うようにしています。また、動物の気配がしたら撮影をやめます。身の危険の回避はもちろんですが、彼らのテリトリーにお邪魔している以上、身を引くべきは動物ではなく人間です。

一度に撮影する連続写真の枚数は条件によって様々ですが、たいだい１００〜４００枚くらい、時間にして40分〜1時間30分くらいです。撮影時間が長ければ長いほど、星の軌跡は長く伸びます。肝心の連続写真を撮る方法は状況によって異なりますが、いつも私が使うカメラと露出の設定を以下に載せました。よろしければ参考にしてみてください。

カメラの設定

・カメラは必ず三脚で固定し、連続写真をすべて撮り終えるまで動かさない
・手ぶれ補正をＯＦＦにしておく
・マニュアルモードに設定し、露出を自分で決める
・連続写真が撮れるモードに設定する
※このような機能がない場合、家電量販店で入手できるタイマーで代用可。

露出の設定

・絞り…状況によって様々だが、はじめはＦ８程度で設定
・ＩＳＯ感度…４００〜１６００くらいで設定し、光量が足りないときは絞りで調整
・シャッタースピード…「５００の法則」を目安にして求める
「５００の法則」とは、「５００÷レンズの焦点距離＝撮影用のシャッタースピード」とされる式で、元々は「星をひとつの点として撮影したいときのシャッタースピードの上限の目安」を示している。例えば焦点距離が25㎜の広角レンズの場合、５００÷25＝20より、概ね20秒くらいが目安になる。

③合成

無事に撮影を終えたら、撮影した写真を1枚に合成します。パソコンでの合成には様々な方法があります。画像の編集ソフトとして有名な「Adobe Photoshop®」でも可能ですし、比較明合成をするための無料のアプリケーションもあります。私は、Mac用の比較明合成ができるアプリケーション「StarStaX」と、画像処理の勉強を兼ねて自作した合成用のプログラムの2つを使用しています。

写真に詳しい方ならすでにお気づきかと思いますが、ほとんどの写真にフォトレタッチを施してあります。特に地上の光が強い場所の写真は、レタッチ無しだと星がほとんど目立たないこともあります。「Adobe Lightroom®」であれば「明瞭度」や「かすみの除去」を調整することで、センサーが捉えたわずかな星の光を引き出すことができます。

複数の写真を合成して
1枚の「軌跡」の写真に！

あとがき

この度は、拙著「地球が廻っているということ」をお手に取っていただき、ありがとうございます。星を眺める楽しみが少しでもお伝えできればと思って制作しましたが、お気に召して頂けたでしょうか？

私はこれまで、様々な場面で星空の魅力を語る機会を得ました。私の話を聞きにきてくださる方々の動機はまさに千差万別ですが、星や宇宙のことが好きな方と同じかそれ以上に、星空の世界を深く知りたいと思っているにもかかわらず、何から始めたらいいか分からないまま遠ざけてしまった方が多いことに気がつきました。中には学校の天文の授業で嫌気がさしてしまい、「天文アレルギー」を発症してしまった人もいました。

「星の世界の魅力を、もっとたくさんの方に味わってもらうにはどうすればいいのか」——打開策を考えあぐねているうちに訪れたのは、新型コロナウイルスが蔓延する世界でした。暗い雰囲気が世の中を押しつつみ、なんとなく俯きがちに過ぎてゆく日々。星のお話をする機会もほとんど失われ、いよいよどうすればいいのか分からなくなったときに思いついたのが、カメラと星空の組み合わせでした。写真なら多くの人に伝えられるかもしれない、夜空を眺めるきっかけを、たとえ格好だけでも上を向いて過ごす時間を、おこがましいかもしれないけれど、私自身が作ることができるのかもしれないと。

それならば、これから星空の世界に飛び込もうとするみなさんに向けて、そして私たちが再び上を向いて過ごす時間を取り戻すため、星空のガイドブックを作ろうと決心して制作したのがこの本ですが、おっかなびっくりで世に送り出したのも事実です。正直にいうと、本という形になった今も「こんなんで大丈夫だろうか」と、なお不安がよぎることがあります。

幸いにも、原稿を執筆している間に世の中の事情は変わりました。まだまだ油断はできませんが、以前と比べれば心置きなく外に出られる今、もしこの本を通じて星空に興味を持たれたら、実際の星空にも目を向けてみてください。特別なところに行く必要はありません。満天の星空とはいかないかもしれませんが、ご自宅の目の前も、近くの公園も、学校の校庭もオフィスの玄関先も、地球上ならどこでもどんな場所でも宇宙とつながっています。ふらっと外に出られる場所で十分です。夜ゆえに気をつけるべきことはいくらかありますが、ぜひ身近な宇宙を楽しんでください。

みなさんに、星空の魅力が少しでも伝わりますように。

丹羽 隆裕

謝辞

はじめに、写真出版賞を通じて「地球が廻っているということ」を見いだし、世の中に送り出してくださった、株式会社みらいパブリッシングのみなさんに御礼申し上げます。編集が大詰めを迎えた頃、私に押し寄せてきた「本当に私の写真を世に送り出してしまって大丈夫だろうか」という不安をぶつけ、ご心配をおかけしました。私の担当をしてくださった編集部の小田さん、松下さんをはじめとした多くの方のご助力の下、なんとか本として出版できたのは、ほかでもなくみなさんのおかげです。ありがとうございました。また、私の撮影した写真に詩を寄稿してくださった、詩人の谷郁雄さんにも感謝します。解説文とは無味乾燥なものになりがちだと感じておりましたが、谷さんの詩が写真に潤いをもたらしてくれました。次に、私が訪れるたびに星の話を熱心に聞き、私の星の写真に可能性を見出し、なんと個展を開催するチャンスを与えてくださった、青森県八戸市のギャラリー&カフェ「saule branche shinchō」に集うみなさんに御礼申し上げます。ありがとうございました。ほんの些細な私の自慢のつもりでお見せした星空の写真、なんと本になりました……！　また、遠く故郷からいつも応援してくれる母と妹に、この場を借りて感謝します。私の父親は、30年前に急死しました。特に母親は経済的にも精神的にも辛い中で、私の進む道を応援してくれた最大の理解者です。改めてありがとう！　この数年間で、実家には4本足の家族も増えました。実家に帰るたびに遊んでくれる元保護猫の「うに」と「ごま」と「まめ」と「くろ」── 彼らも精神的な支えになりました。出自は様々ですが、みんなかわいい家族です。ありがとうね。

最後に、これまでの人生で私に関わってくださったすべての皆様、そして拙著を手に取ってくださった皆様に厚く御礼を申し上げます。誰ひとり欠けてもこの本は完成しませんでした。本当にありがとうございました。そして、これからもよろしくお願いします。

＜参考文献＞

・NASA（アメリカ航空宇宙局）「Solar System Exploration」
https://solarsystem.nasa.gov/（2023年8月10日閲覧）
・International Astronomical Union（国際天文学連合、IAU）「The Constellations」
https://www.iau.org/public/themes/constellations/（2023年8月10日閲覧）
・国立科学博物館「宇宙の質問箱（星座編）」
https://www.kahaku.go.jp/exhibitions/vm/resource/tenmon/space/seiza/top_2.html
（2023年8月10日閲覧）
・尾崎洋二『宇宙科学入門 第2版』（東京大学出版会）
・公益財団法人 日本天文学会「天文学辞典」
https://astro-dic.jp/（2023年8月10日閲覧）
・岩木山神社
https://www.iwakiyamajinja.or.jp/（2023年8月10日閲覧）
・弘前市教育委員会「弥生時代日本最北・東日本最古級の水田跡 砂沢遺跡」
https://www.city.hirosaki.aomori.jp/gaiyou/chosya/gyousei/maibunkikakuten2017.pdf
（2023年8月10日閲覧）
・北尾浩一『日本の星名事典』（原書房）
・野尻抱影『日本星名辞典』（東京堂出版）
・クリストファー・ウォーカー『望遠鏡以前の天文学 ―古代からケプラーまで』（恒星社厚生閣）
・青木満『それでも地球は回っている 近代以前の天文学史』（ベレ出版）
・震災伝承ネットワーク協議会事務局（国土交通省東北地方整備局企画部）3.11 伝承ロード「普代水門」
https://www.thr.mlit.go.jp/shinsaidensho/facility/iwate-2-006.html（2023年8月10日閲覧）
・ブレンダ・サープ『ナショナル ジオグラフィック
プロの撮り方 風景を極める』（日経ナショナルジオグラフィック社）

写真・文／丹羽 隆裕（にわ・たかひろ）

1981年生まれ、愛知県春日井市出身。博士（理学）。中学卒業後に豊田工業高等専門学校で電気工学を学ぶが、子どもの頃に魅了された星空が忘れられず、天文学の道を目指して神戸大学に進学。博士号を取得後は、兵庫県立西はりま天文台公園（現：兵庫県立大学西はりま天文台）の研究員を経て、現在は八戸工業高等専門学校で物理を教えている。星空の魅力を多くの人たちに伝えるべく、様々な場面で星のお話をする活動も行っている。本格的に写真を撮り始めたのは2018年。「自分にとっても見る人にとっても身近な星空が撮りたい」と考え、地上の風景と星空の両方をカメラに収める「星景写真」にたどり着く。晴れ間が見えれば平日の真夜中でも夜空に飛び出し、ときどき寝不足になりつつも、夜な夜な方々を訪れては、カメラのシャッターを切っている。

詩／谷 郁雄（たに・いくお）

詩人。同志社大学文学部英文学科中退。これまでに40冊ほどの詩集を刊行。ホンマタカシ、リリー・フランキー、長島有里枝、青山裕企、尾崎世界観、吉本ばななさんなど、様々なジャンルの表現者とのコラボ詩集も数多く刊行している。作品は合唱曲になったり、中学校の教科書に掲載されたりしている。詩集『詩を読みたくなる日』（ポエムピース）ほか著書多数。noteでも詩を連載中。https://note.com/tani_poem

地球(ちきゅう)が廻(まわ)っているということ

写真出版賞

2023年11月28日　初版第1刷

著　者　丹羽隆裕
発行人　松崎義行
発　行　みらいパブリッシング
〒166-0003 東京都杉並区高円寺南4-26-12 福丸ビル6階
TEL 03-5913-8611　FAX 03-5913-8011
https://miraipub.jp　MAIL info@miraipub.jp
企画協力　Jディスカヴァー
編　集　小田瑞穂
ブックデザイン　洪十六
発　売　星雲社（共同出版社・流通責任出版社）
〒112-0005 東京都文京区水道1-3-30
TEL 03-3868-3275　FAX 03-3868-6588
印刷・製本　株式会社上野印刷所

ISBN978-4-434-32889-3 C1044

星空を見るときは、周囲に十分気を配り、安全に配慮してください。また、本書の情報は発行日時点のものですので、現地に行く計画の際は最新情報を得ることをおすすめします。本書は星空を身近に楽しんでもらう目的で制作しています。教育や学術的な探求には専門書なども併せてごらんください。